BEI GRIN MACHT SICH IHR WISSEN BEZAHLT

Stefanie Rahder

Das Gesellschaftsspiel als Grundlage für diagnostische Interviews im Vorschuljahr

Mathematische Lernchancen und Einblicke in Vorerfahrungen am Beispiel "Geißlein, versteck dich!"

GRIN Verlag

Bibliografische Information der Deutschen Nationalbibliothek:

Die Deutsche Bibliothek verzeichnet diese Publikation in der Deutschen National-
bibliografie; detaillierte bibliografische Daten sind im Internet über http://dnb.d-
nb.de/ abrufbar.

Impressum:

Copyright © 2014 GRIN Verlag GmbH
Druck und Bindung: Books on Demand GmbH, Norderstedt Germany
ISBN: 978-3-656-73814-5

Dieses Buch bei GRIN:

http://www.grin.com/de/e-book/280024/das-gesellschaftsspiel-als-grundlage-fuer-
diagnostische-interviews-im-vorschuljahr

GRIN - Your knowledge has value

Der GRIN Verlag publiziert seit 1998 wissenschaftliche Arbeiten von Studenten, Hochschullehrern und anderen Akademikern als eBook und gedrucktes Buch. Die Verlagswebsite www.grin.com ist die ideale Plattform zur Veröffentlichung von Hausarbeiten, Abschlussarbeiten, wissenschaftlichen Aufsätzen, Dissertationen und Fachbüchern.

Besuchen Sie uns im Internet:

http://www.grin.com/

http://www.facebook.com/grincom

http://www.twitter.com/grin_com

Das Gesellschaftsspiel als Grundlage für diagnostische Interviews

im Vorschuljahr:

Mathematische Lernchancen und

Einblicke in Vorerfahrungen

am Beispiel „Geißlein, versteck dich!"

Inhalt

Anhang

Interviewleitfaden

Transkript Aufbauphase

Transkipt Spielphase gemeinsam

Bildmaterial

1. Ziele des Erkundungsprojektes

Schwerpunkt der Erkundung ist es, die Fähigkeit der Kinder zur Mengenerfassung (strukturierte und unstrukturierte Mengen) und zur Zahlvorstellung, inklusive der Vorstellung der Invarianz, im Zahlenraum bis 7 zu ermitteln. Weiterhin wird ausgelotet, ob die Zahlvorstellung der Kinder über diesen Rahmen hinaus geht und ob sie bereits im Zahlenraum bis 7 (oder darüber hinaus) rechnen können.

Dazu wurde das Spiel „Geißlein versteck dich!" ausgewählt und ein Interviewleitfaden erstellt (siehe Anhang), mittels welchem die oben angesprochenen Aspekte erkundet werden sollen. Anwendung fand dieser Leitfaden in einer zweiteiligen Erprobungsphase. Im ersten Teil spielten vier Kinder nach Erläuterung der Spielregeln gemeinsam das Spiel und wurden dabei gefilmt, im zweiten Teil spielten jeweils zwei Kinder mit dem Interviewer das Spiel nochmals und an die Spielphase schloss sich ein diagnostisches Interview an. Auch dieser Abschnitt wurde in Bild und Ton festgehalten.

Um die Ergebnisse darzustellen, wird zuerst erläutert, inwieweit laut Literatur Vorschulkinder bereits in der Lage sind, Mengen zu erfassen und wie ihre Zahlvorstellung und die Kenntnis über Invarianz ausgeprägt sind. Anschließend werden die Aufgaben- und die Spielwahl begründet, indem das Potential des gewählten Spiels erläutert wird.

Abschließend wird dargestellt, welche Fähigkeiten das an der Erkundung teilgenommene Kind A bereits erworben hat und welche es noch zu erwerben gilt. Grundlage dazu sind die aus den Aufzeichnungen gewonnenen Transkripte sowie ausgewählte Bilder.

2. Hintergrundwissen

Der Umgang mit Zahlen und Rechenoperationen fordert von Kindern mehr, als bloß Plus- und Minusaufgaben zu rechnen. Es gilt bereits vorab einige Kompetenzen zu erwerben, um einen Zahlbegriff zu etablieren. Dazu gehören die Kenntnis um Invarianz, die Entwicklung einer „Eins-zu-Eins-Zuordnung", die Klassifikation und die „Bildung von Reihenfolgen" [vgl. Hasemann, S. 12], wobei die beiden erstgenannten Aspekte ausschlaggebend sind für die hier vorliegende Erkundung, sodass letztgenannte hier nicht weiter behandelt werden.

Die Leistung eines Kindes bei Aufgaben zur Invarianz liegt darin, dass es erkennen muss, „dass sich Aussagen wie „mehr als" oder „weniger als" auf die Anzahl der Elemente in einer Menge bezieht und nicht auf die räumliche Ausdehnung dieser Elemente" [Hasemann, S. 13] Kinder ab sechs Jahren sind in der Lage, die Invarianz zu erkennen und „räumliche Verschiebung durch eine nur in Gedanken durchgeführte Handlung wettzumachen" [Hasemann, S. 14]. Der Osnabrücker Test zur Zahlbegriffsentwicklung an Schulanfängern zeigte, dass die Eins-zu-eins-Zuordnung den Kindern teilweise Schwierigkeiten bereitet: mit Abzählen waren 75% der Teilnehmer in der Lage, Objekte zuzuordnen, ohne Zählen 61%, wobei die meisten Fehler deshalb entstanden, da sich die Teilnehmer von der Optik der Aufgabenstellung täuschen ließen [vgl. Käpnick S. 68]. Mehr als die Hälfte der Kinder jedoch sind in der Lage, die Aufgaben aus dem Test zu diesem Aspekt korrekt zu lösen. Resnick schlussfolgert, dass

> "[sich] im Vorschulalter [...] die Sprachfähigkeit so weit [entwickelt], dass die Kinder Mengenvergleiche und – veränderungen [...] beschreiben können. [...] Die Vergleiche beruhen [...] auf der Wahrnehmung und weniger auf exaktem Bestimmen von Anzahl durch Zählen. Eine weitere Erkenntnis der Kinder [...] ist, dass das Hinzufügen von Elementen eine Menge größer macht, das Wegnehmen kleine und dass eine Menge unverändert bleibt, wenn nichts hinzugefügt oder weggenommen wird." [Hasemann, S. 16].

Daraus ergibt sich, dass „die Zählkompetenz wesentlich für die Entwicklung des Zahlbegriffs" ist [ebd.].

Das Aufsagen der Zahlwortreihe hat noch nichts mit einer Anzahlbestimmung durch Zählen zu tun, denn um korrekt abzuzählen, muss das Kind die fünf Zählprinzipien nach Gelman und Gallistel einhalten:

- Das Eindeutigkeitsprinzip legt fest, dass „jedem der zu zählenden Objekte [...] genau ein Zahlwort zugeordnet [wird.]"
- Das Prinzip der stabilen Ordnung legt die Reihenfolge der Zahlwörter fest.
- Das Kardinalzahlprinzip bestimmt, dass die Anzahl der Objekte der Menge durch das zuletzt genannte Zahlwort festgelegt wird.
- Das Abstraktionsprinzip besagt, dass die Art der zu zählenden Objekte irrelevant ist und damit jede Menge gezählt werden kann.
- Das Prinzip der Irrelevanz der Anordnung besagt, dass die Lage der Objekte für das Zählergebnis unerheblich sind. [vgl. Hasemann, S. 19]

Die ersten drei genannten Zählprinzipien werden bis zu einem Alter von dreieinhalb Jahren erworben, auch wenn noch Schwierigkeiten mit der Zahlwortreihe bestehen [vgl. Hasemann S. 21]. Bezüglich der Zählkompetenzen ergab sich beim Osnabrücker Test, dass 77% der Kinder die Zahlwortreihe bis 20 aufsagen konnte, 72% von 9 bis 15 weiter zählen, die Hälfte in Zweierschritten, 58% geordnete, 49% ungeordnete und 32% rückwärts anhand von Material zählen konnten [vgl. Käpnick, S. 68]. Auch Selter und Spiegel stellen fest: „dass sehr viele Schulanfänger die Reihe der Zahlworte schon ziemlich weit aufsagen, Mengen im Bereich bis 20 sicher abzählen und auch die Zahlzeichen (ein- und zweistellige Zahlen) benennen können" [Selter, S. 20].

3. Potential des gewählten Spiels

Das Spiel „Geißlein, versteck dich" bietet im Spielverlauf die Möglichkeit, die (quasi-) simultane Zahlerfassung im Zahlenraum bis 5 unter den Verstecken zu überprüfen. Weiterhin müssen die Kinder ihre erspielten Figuren im Blick behalten und mit der Anzahl ihrer Mitspieler und des fiktiven Spielers „Wolf" vergleichen, um den Sieger des Spiels zu ermitteln. Hier erweitert sich der Zahlenraum auf 6 bzw. 7. Die Menge der Figuren unter den Verstecken liegt unstrukturiert vor. Ob die Kinder in der Lage sind, Mengen zu strukturieren, - oder ob sie diese Struktur benötigen - wird anhand der Beobachtung ermittelt, wie sie sich ihre erspielten Figuren auslegen und wie sie ihre Anzahl mit denen ihrer Mitspieler vergleichen, um den Sieger des Spiels zu ermitteln.

Der Zahlenraum, in dem die Kinder sich sicher bewegen, wird anhand eines dritten (bzw. vierten) Bildes ausgelotet, welches die Anzahl aller Spielfiguren unter allen Verstecken zeigt, auch hier wieder einmal strukturiert und einmal unstrukturiert.

Der Aufbau des Spiels wird genutzt, um die Anzahlerfassung der Kinder zu beobachten bzw. ihre Zählfähigkeiten zu ermitteln. Der Neuaufbau des Spiels wird genutzt, um die Fähigkeit der Ergänzung zu anderen Mengen zu beobachten. Hier bietet es sich auch an, das Prinzip der Schachtelaufgaben mit einfließen zu lassen.

Das Spiel bietet insgesamt ein hohes Potential an Beobachtungen und Ermittlung von Fähigkeiten alleine durch Beobachtung. Entsprechende Impulse während des Spielverlaufs können tiefer gehende Kompetenzen herausarbeiten, doch durch Zurückhaltung und Arbeit mit dem Spiel und den Situationen an sich sind schon viele Anreize für die Kinder gegeben, ihre vorhandenen mathematischen Fähigkeiten zu zeigen. Aufgrund der Vielfältigkeit der Situationen, in denen sich mathematische Kompetenzen und Fähigkeiten bereits während des Spielverlaufs zeigen können (siehe auch Interviewleitfaden im Anhang), kann das sich anschließende diagnostische Interview im Anschluss an die Spielrunde kurz gehalten werden. Hierzu wurde Material vorbereitet, welches die Zahlerfassung im Vergleich zwischen strukturierten und unstrukturierten Mengen anhand zweier Bilder ermittelt soll, bei denen die gleiche Spielsituation einmal strukturiert und einmal unstrukturiert vorliegt. So soll eine Diskussion über den Vorteil von strukturierten Mengen angeregt werden.

Der Interviewer an sich spielt beim Spielgeschehen ebenfalls eine Rolle. Er hat die Möglichkeit, entweder nur zu beobachten oder aktiv am Spielgeschehen teilzunehmen. Im aktiven Spielgeschehen können Fragen zur Zahlerfassung gestellt werden oder problematische Situationen zur tiefer gehenden Analyse der Fähigkeiten genutzt werden. Durch nonverbale Impulse, allein durch seine Spielweise, kann er ein Vorbild bieten, z.B. beim Auslegen der gewonnenen Figuren. Dadurch kann er z.B. vermitteln, dass ein strukturiertes, geordnetes Auslegen der Figuren von Vorteil ist, um den Überblick über die Menge zu behalten und auch die Anzahl der Figuren des Gegners schneller zu erfassen, wenn sich alle an ein strukturiertes Auslegemuster halten.

Neben dem Potential als Diagnoseinstrument hat das Spiel also auch das Potential als Fördermaterial: der Einbau der Schachtelaufgaben fördert Rechenfähigkeiten, die Vorteile der Strukturierung von Mengen können vermittelt und die (quasi-)simultane Anzahlerfassung kann geübt werden. In ganz besonderer Weise kann also mittels des hier angewandten Spiels auf einfache Art und Weise Diagnose und Förderung mit einem „Werkzeug" verbunden werden, welches zudem durch seinen spielerischen Charakter gleichzeitig Motivation und Interesse weckt.

Das Spiel eignet sich durch sein großes Potential an Diagnose- und Fördermöglichkeiten daher ganz besonders als unterstützendes Instrument beim Übergang von Kindergarten zur Grundschule. Dieser Vorteil ist ganz besonders hervorzuheben, auch wenn er nicht direkt Ziel des Projektes ist, sondern sich durch die Analyse des Potentials beinahe „nebenbei" ergeben hat. Es ist gut vorstellbar, dass das Spiel im Kindergarten eingeführt wird, sodass die Kinder es bereits kennen, wenn sie in die Grundschule kommen. Dadurch, dass es nicht nur als Diagnose- sondern auch als Fördermaterial genutzt werden kann (s.o.) und zudem den Kindern vertraut ist im Umgang, kann sogleich eine Förderung bei Kindern mit Förderbedarf einsetzen und es müssen nicht erst Ängste vor fremden Materialien abgebaut und Umgangsweisen mit dem Material erarbeitet werden. Zudem wird so der Bruch, der zwischen Kindergarten und Grundschule entsteht, gemildert, wenn die Kinder im neuen Umfeld Schule Dinge entdecken, die ihnen bereits aus dem Kindergarten vertraut sind.

4. Analyse eines Fallbeispiels

Im Folgenden steht in den verwendeten Transkripten die Abkürzung A für die Aussagen des beobachteten Kindes, D für die Aussagen des Spielpartners und I für die Äußerungen des Interviewers.

A ist in der Anzahlerfassung bis fünf noch unsicher. Eine simultane Erfassung der Anzahl ist weder bei strukturierten noch bei unstrukturierten Mengen möglich, wenn die Anzahl größer als zwei ist. Das Kind zählt die Anzahl der Figuren immer wieder bei eins beginnend ab und berührt die Figuren dabei mit seinem Zeigefinger (siehe Transkript Aufbauphase, Zeilen und Spielverlauf gemeinsam, Zeilen im Anhang). Eine Ausnahme dazu ist allerdings die erste Berührung mit den Figuren (Aufbauphase, Zeile 3):

3	A	*# Schaut sich die Figuren an, teilt mit der Hand Figuren ab, zählt still mit den Augen nach, zieht sie zu sich und legt sie in Versteck Grün.* #Das sind fünf.

Hier berührt es die Figuren nicht einzeln mit dem Finger, sondern mit seinem Blick. Das mag daran liegen, dass es die Figuren bereits in der Hand hat und somit die haptische Notwendigkeit, die es zum Zählen benötigt, bereits befriedigt ist.

A hat erkannt, dass es von Vorteil ist, wenn die Figuren so liegen, dass das Auge sie gut erfassen kann, also strukturiert. So schiebt es z.b. zum Abzählen die Figuren zuerst zurecht, bevor es zählt (Aufbauphase, Zeile 22 und 29):

22	A	*# Hebt Versteck Grün hoch, schiebt die Figuren zurecht, zählt mit dem Finger ab.* Eins, zwei, drei, vier, fünf.
29	A	*Würfelt.* Lila. Ähm vier? *Dreht die Figuren um und schiebt sie sich zurecht. Zählt mit den Fingern nach.* Vier.

Auffallend ist auch, dass sie im Ablauf des Interviews ihre Auslegestrategie der gewonnenen Figuren ändert:

Abbildung 1

Abbildung 2

Abbildung 3

Abbildung 4

Während es im ersten Spiel, bei dem nur die Kinder miteinander spielten, die Figuren in den Händen hielt und nicht vor sich auslegte (Bild 1), übernahm es im zweiten Spiel mit Interviewer zuerst die Strategie ihres Mitspielers und legte die Figuren im Haufen vor sich aus (Bild 2), anschließend übernahm es die Strategie des Interviewers und legte die Figuren in einer Reihe (Bild 3). Das Kind stellte dann fast, dass sich die Figuren so sehr gut zählen lassen (Bild 4).

Daraus ergab sich auch, dass A im Spielverlauf die Anzahl der gewonnenen Figuren im Blick behielt und miteinander verglich. So ergab sich folgende Situation:

1	A	*Zum Interviewer* Cool, du gewinnst.
2	I	Meinst du? Warum? Warum gewinn ich denn?
3	A	Weil du. Dann kriegst du fünf.
4	I	Aber ich brauch doch – Wie viel brauch ich, um zu gewinnen?
5	A	Ähm, sieben.
6	I	Dann hab ich ja nur fünf.
7	A	Nein
8	I	In der nächsten Runde, wenn ich wieder gewinne.
9	A	Ja
10	I	Wie oft muss ich noch richtig liegen, um zu gewinnen? Kannst du mir das sagen?
11	D	Drei

A kann also die Anzahl der gewonnenen Figuren eines jeden Spielers erfassen und miteinander in Beziehung setzen. Das Kind erkennt, dass der Interviewer zu dem Zeitpunkt des Spiels vorne liegt, da er die meisten Figuren zu diesem Zeitpunkt hat und zieht daraus den Schluss, dass der Interviewer wohl gewinnen wird. Es zeigt ebenfalls die Fähigkeit, die noch zum Gewinn fehlende Anzahl zu ermitteln, indem es bis zur Zielzahl ergänzt. Dass bis dahin noch einige Runden zu spielen sind und der Interviewer auch verlieren könnte, hat es zu dem Zeitpunkt nicht im Blick. Der Interviewer liegt vorne und wird die noch fehlende Anzahl noch erlangen, um zu gewinnen. Schade ist, dass der Mitspieler die Beantwortung der letzten Frage übernimmt, sodass nicht geklärt werden kann, ob A in der Lage war, die richtige Anzahl zum Gewinn zu ermitteln.

Dass A in der Lage ist, bis zu einer vorgegebenen Menge zu ergänzen, zeigt folgende Situation im diagnostischen Interview im Anschluss an das Spiel:

1	I	Wie viel müssten hier noch drunter, damit da wieder fünf sind?
2	D	*zzzZwei hat zufällig zwei Figuren in der Hand, zeigt sie*
3	I	Legst du die mal dazu? *D legt die Figuren dazu. Zu A* Bist du einverstanden?

4	A	*nickt*
5	I	*Hebt Versteck Lila hoch.* Wie viel müssten hier noch drunter?
6	A	Auch zwei. *Greift direkt zwei Figuren und legt sie dazu.*
7	I	Wie viel müssen hier noch drunter? *Hebt Versteck Orange hoch. (unter dem Versteck liegt keine Figur!)*
8	D+A	*Legen alle Figuren in die Mitte (A hat fünf, D drei Figuren), lachen*
9	A	Diese noch *Ordnet die Figuren.*
9	I	*Lacht.* Wie viele müssen darunter?
10	D	Fünf. *Bewegt die Figuren*
11	A	*Schnalzt aufgeregt mit der Zunge, ordnet erneut die Figuren* Warte
12	D	Ich seh schon. *Zeigt auf eine Figur.* Vier nur! *Greift ein, unterbricht A, bewegt die Figuren.* # Das nur drei. *Trennt fünf Figuren aus der Menge ab.* Fünf.
13	I	# Nanana, nicht kabbeln. Fünf?
14	D	*Zustimmend* Hmhm
15	I	Wie viel müssen hier noch drunter? *Hebt Versteck Gelb hoch.*
16	A	*Schiebt alle übrigen Figuren (drei) in die Mitte.*
17	D	Und hier? Oi! *Hebt Versteck Blau hoch.*
18	I	Wie viel müssen da noch drunter?
19	A	*Greift zu Figuren des Interviewers.*
20	D	Vier
21	A	*Zählt stillt mit, flüstert* Vier. *Legt drei Figuren unter das Versteck Blau.*
22	D	Und da? *Hebt Versteck Grün hoch, greift zu den restlichen Figuren rechts am Tisch.*
23	A	Oh, hier fehlt einer. *Zeigt auf die vier Figuren unter Versteck Blau. Greift zur übrigen Figur und legt sie dazu.*
24	D	Eins, zwei, drei. *Zählt mit den Fingern von vorne.* Eins, zwei, drei, vier, fünf

A ergänzt die Mengen richtig auf die vorgegebene Anzahl von fünf Figuren (Zeile 6), erkennt eigenständig, wenn eine Menge noch nicht der Zielvorgabe entspricht (Zeile 23) und korrigiert den Fehler, wobei es sich vorab verzählt hat (Zeile 21). Diese Situation zeigt weiterhin, dass A bei einer kleineren Menge die Anzahl der Figuren simultan erfasst. Die Anzahl von drei Figuren unter Versteck lila erkennt das Kind sofort ohne Abzählen und ergänzt richtig zur fünf. Spannend ist in dieser Situation auch die Lösung beider Kinder für die Ergänzung zur fünf unter Versteck Orange. Das Versteck ist leer, alle Figuren wurden während des Spielablaufs verteilt. Lachend schieben beide Kinder all ihre Figuren in die Mitte. Hier könnte geschlossen worden sein, dass wenn alle Figuren unter dem Versteck verteilt worden sind, auch alle vor einem liegende Figuren wieder unter das Versteck geschoben werden müssen. Das Lachen könnte aber auch zeigen, dass die Kinder dies als Spaß meinen. Wenn viele fehlen, müssen auch viele ergänzt werden. Die genaue Anzahl ist ihnen hier nicht so wichtig. Möglich wäre auch, dass sie ihre Überreaktion erkennen und so ausdrücken, dass sie gemerkt haben, dass zu viele Figuren in die Mitte geschoben wurden, denn auf die folgende Nachfrage können sie die Anzahl benennen und A zählt wieder die fünf Figuren ab (Zeile 7-11).

Die in diesem Rahmen entstandene Unstimmigkeit zwischen den Kindern, bzw. Ds Einwand auf As Ergänzung (Zeile 12-14) ist ebenfalls sehr aufschlussreich, wenn es um die Analyse von As Fähigkeiten geht. Die Ergänzungen werden richtig vorgenommen, wenn jeweils nur ein Kind zuerst antwortet und dann die Figuren dazulegt. Hier haben aber beide Kinder Figuren ausgelegt. As Ergänzung war sogar korrekt, es fehlten genau die fünf Figuren, die das Kind vor sich liegen hatte. Ob ihm bewusst war, dass es die richtige Menge ergänzt hat, ist schwer zu sagen. Vermutlich wusste das Kind es aber nicht, denn die Anzahl bis zur fünf hat A bis dahin immer nur abzählend ermittelt und nicht simultan erfasst. Möglich wäre, dass es durch Subtraktion den Überblick über die Anzahl ihrer Figuren behalten hat. Dennoch, es kann nicht sicher geklärt werden, ob A sich der korrekten Ergänzung bewusst war. Das Kind beginnt die Menge zu überprüfen. Es ordnet die Figuren, um sie besser zählen zu können, da die Anzahl seine Fähigkeit der simultanen Erfassung überschreitet. Es möchte die Menge überprüfen, was ihm aber nur durch Abzählen gelingen könnte. Jedoch greift der Mitspieler ein und verschiebt die Ordnung. A reagiert aufgeregt, hüpft im Sitzen auf und ab, schnalzt mit der Zunge. Man kann einen gewissen Unmut nicht absprechen. Der Mitspieler kritisiert die Handlung, da er die Lösung schon gesehen hat (Zeile 12). Er sieht die korrekte Menge und die dazugehörige Ergänzung (Vier nur!) bereits, während A die Anzahl erst noch überprüfen möchte und interpretiert diese Handlung des Ordnens daher fälschlicherweise als Auslegung der gesuchten Menge der Figuren zu korrekten Ergänzung (Das nur drei), bis er zum Schluss die Abtrennung der gesuchten Menge gänzlich übernimmt. Die entstandenen Probleme sind also nicht mathematischer Natur, sondern es geht um das Zusammenspiel zweier Kinder mit unterschiedlichem Wissensstand, wobei A meint, dass es etwas hinter dem Mitspieler zurück liegt und dieser nicht die Geduld aufbringen kann, A den Freiraum und die notwendige Zeit zu lassen. Denn A hatte ja korrekt und auf Anhieb ergänzt, indem die fünf Figuren ausgelegt wurden. Das Kind verteidigt seine Lösung leider nicht, sondern ordnet sich dem Mitspieler unter.

Interessant ist As folgende Reaktion in Zeile 16. Das Kind schiebt alle Figuren in die Mitte nach der Aufforderung zur Ergänzung. Es handelt sich um drei Figuren. Es überprüft die Anzahlen nicht, weder vorab noch die Gesamtmenge. Eine mögliche Erklärung wäre, dass es erkannt hat, dass es nur noch wenige Figuren zur Verfügung hat und so die Wahrscheinlichkeit, dass die Figuren ausreichen, um die Menge korrekt zu ergänzen, relativ hoch ist. Weiterhin wäre auch möglich, dass es seine Figuren an seinen Partner abgibt, da es erkannt hat, dass es im Folgenden nicht genügend Figuren besitzt, um die nächsten Verstecke zu füllen. Das Kind wendet sich direkt den Figuren des Interviewers zu und nimmt sie an sich. Ihm scheint es also wichtig zu sein zwar vielleicht nicht für diese, aber für die kommenden Ergänzungen genügend Material haben zu wollen, um neu aufzubauen. Möglich ist aber auch, dass A aufgrund der vorangegangenen Unstimmigkeit resigniert hat und dem Mitspieler das Feld überlässt, dass die korrekte Ergänzung in dem Moment egal ist und das Kind seinem Mitspieler ein ähnliches Problem bereiten möchte wie er es ihm einen Zug zuvor bereitet hat, nach dem Motto: „mal sehen, was er daraus macht". Das Kind bereitet sich also vor, die nächste Ergänzung richtig durchzuführen und stattet sich mit Material aus, nämlich den Figuren des Interviewers.

Im Zahlenraum größer als 10 ist A unsicher, was folgende Situation im diagnostischen Interview zeigt:

1	I	Ihr wisst ja jetzt, dass unter jedem Pott immer fünf Stück drunter sind, ne? *Deckt mit den Dosen den unstrukturierten Spielplan ab.*
2	A	Ja
3	I	Fünf Stück sind da drunter.
4	A	Bitte, kann ich lila?
5	I	Wie viel sind unter lila? *Zeigt darauf*
6	A	Ähm, #fünf.
7	D	Fünf
8	I	Und wie viel sind unter lila und orange zusammen?
9	A	Äh
10	D	Zehn
11	A	Zehn
12	I	Und unter lila und orange und gelb? *Zeigt auf die Dosen.*
13	A	Dr- drei
14	D	Fünfzehn.
15	A	Drei
16	D	Fünfzehn
17	I	Und wenn wir noch grün dazunehmen? *Zeigt auf die grüne Dose*
18	D	Zwanzig
19	A	Zwanzig
20	I	Und noch fü – und noch blau dazunehmen?
21	D	Fünfundzwanzig
22	A	Fünfundzwanzig

23	I	Und wie viel sind unter wenn wir noch alle alle Verstecke zusammennehmen?
24	D	Dreißig
25	A	Dreißig
26	I	Wie hast du das denn rausgekriegt? Kannst du mir das verraten?
27	D	Ja, weil ich kann ganz gut plus.
28	I	Aha, und Minus, klappt das auch gut?
29	D	Hmhm
30	I	Und du weißt, dass fünf plus fünf *zeigt auf zwei Dosen*
31	D	Ist zehn. *Zeigt zehn Finger.*
32	I	Aha. Und nochmal fünf? *Zeigt auf eine Dose*
33	D	Fünfzehn. *Zeigt fünf Finger.*
34	I	*Zu A.* Und nochmal fünf?
35	D	Zwanzig
36	I	*Zu A.* Kannst du auch schon so weit rechnen?
37	A	*Schüttelt den Kopf.*

Die Situation zeigt, dass A die Anzahl der Figuren unter einem Versteck kennt, vermutlich automatisiert durch die vielen Nachfragen und Spielaufbauten. Weitergehend kann das Kind aber die Addition in Fünferschritten nicht nachvollziehen. Auffällig ist, dass der Mitspieler derjenige ist, der zuerst antwortet und A seine Antwort wiederholt (Zeilen 11, 19, 22, 25). Zum Schluss äußert das Kind sogar explizit, dass ihm dieser Zahlenraum zu groß ist, indem es den Kopf schüttelt auf die Nachfrage des Interviewers (Zeilen 36 + 37). Im kleinen Zahlenraum kennt es sich aber aus, was in den Zeilen 13 und 15 deutlich wird. Nachdem der Interviewer auf drei Verstecke gezeigt hat, kann es die Anzahl drei richtig nennen. Nur ist nach der Anzahl der Figuren unter den Verstecken gefragt, nicht nach den Verstecken selber. Da der Partner beharrlich bei der 15 bleibt, fällt As Antwort weg.

Besonders auffällig ist die Spielsituation im ersten Durchgang, bei der alle vier Kinder miteinander spielen (siehe Anhang). Nach zwei Spielrunden meint A, es habe gewonnen, da es bereits sieben Geißlein habe (Zeile 31). Das liegt daran, dass A die Figuren, die es in den Runden zuvor durch richtige Abschätzung ermittelt hat, nicht bei sich behalten hat, sondern unter ein erwähltes Versteck schob. Durch die mehrfach wiederholte Erklärung des Spiels hat sich festgesetzt, dass unter jedem Versteck fünf Figuren sind, sodass das Kind davon ausgeht, dass wenn es in zwei Runden jeweils ein Geißlein unter dasselbe Versteck legt, es sieben besitzt und damit das Spiel gewonnen hat. Ohne die Figuren zu sehen, geht es davon aus, dass unter dem Versteck sieben sind. Die Aufgabe 5+2=7 kann es also bereits lösen.

Problematisch an dieser Situation ist jedoch, dass das Kind die Spielregeln für sich anders interpretiert hat und die anderen Kinder verwirrt sind. Weiterhin hat es außer Acht gelassen, dass ein anderes Kind eine Figur im Spielverlauf aus dem erwählten Versteck entnommen hat, sodass nicht sieben, sondern sechs Figuren darunter liegen, es also auch nach ihrer Regelinterpretation nicht gewonnen hätte.

Abschließend kann festgehalten werden, dass A sich im Zahlenraum bis fünf bereits recht sicher bewegt, wenn das Kind in der Lage ist, Handlungen auszuführen und diese zu überprüfen. Zahlen größer zehn stellen aber noch ein Problem für das Kind dar. Die Mengenerfassung bis drei geht meistens simultan von statten. Alles darüber hinaus wird zählend ermittelt, immer bei eins beginnend und in einzelnen Schritten. Zusätzlich muss das Material dabei berührt werden, ansonsten kommt es zu Fehlern. Manchmal ist A aber bereits in der Lage, Fehler selbst zu erkennen und zu korrigieren. Das Kind ist unsicher in seinen Handlungen und kann Lösung vor anderen nicht vertreten, was sehr schade ist. Mit ein wenig mehr Selbstsicherheit könnte das Kind seine Fähigkeiten verteidigen und schneller ausbauen.

Die Fragestellung, die auf das Verständnis der Invarianz zielte, ergab keine konkreten Ergebnisse, da das Kind den Gewinner des Spiels vorrangig ansah und die beiden gezeigten Spielsituationen nicht verglich. Diesbezüglich kann also keine Aussage getroffen werden.

5. Literatur

1. Hasemann, Klaus; Gasteiger, Hedwig (2014): Anfangsunterricht Mathematik. 3. Überarbeitete und erweiterte Auflage. Springer-Verlag. Berlin, Heidelberg.
2. Lehmann, Christine; Lehmann, Wolfgang (2003): Geißlein, versteck dich! Gedächtnisspiel. Haba-Verlag. Habermaaß.
3. Käpnick, Friedhelm (2014): Mathematiklernen in der Grundschule. Springer-Verlag. Berlin, Heidelberg.
4. Selter, Christoph; Spiegel, Hartmut (1997): Wie Kinder rechnen. Ernst Klett Grundschulverlag. Leipzig, Stuttgart, Düsseldorf.

Anhang

Interviewleitfaden

Zu Beginn Transparenz erzeugen:

- Es geht heute darum, dass ich von euch lernen möchte, was ihr/Vorschulkinder schon vor der Schule alles könnt/können.
- Deshalb nehme ich euch mit einer Kamera auf, damit ich mir später noch einmal angucken kann was ihr schon alles könnt. Jetzt kann ich das alles vielleicht gar nicht so schnell sehen.
- Heute spielen wir ein Spiel und dann komme ich nochmal wieder und möchte mit euch über das Spiel sprechen.
- Wahlweise: Ihr könnt auch einmal durch die Kamera gucken und schauen wie das Bild aussieht

Spielregeln:

Instruktion 1: Hier sind verschiedene Verstecke mit verschiedenen Farben. Unter jedes Versteck kommen 5 Geißlein-Figuren. Legt ihr bitte unter jedes Versteck 5 Figuren?

Instruktion 2: Hier ist ein Würfel mit Punkten. Wer die höchste Zahl würfelt, darf anfangen. Danach wird im Uhrzeigersinn gespielt.

Instruktion 3: Name darf jetzt mit dem Farbwürfel würfeln. Er/Sie muss sagen, wie viele Geißlein unter dem Versteck sind, das zur Farbe des Würfels passt. Wenn er/sie es gesagt hat, darf er/sie das Versteck hochheben und überprüfen. Wenn er/sie weiß, wie viele Geißlein im Versteck sind und die richtige Zahl sagt, darf er/sie sich ein Geißlein nehmen. Wenn ihr sieben Geißlein habt, habt ihr gegen den Wolf gewonnen. Der Wolf gewinnt, wenn er sechs Geißlein hat.

1. Treffen: Spielen des Spiels „Geißlein versteck dich!"

Spielphase	Aufgabe für die Kinder	Intervieweraktivität	Mögliche Entdeckungen / Beobachtungen / Fähigkeiten / Schwierigkeiten
Instruktion 1	Zuhören oder Spielregeln erklären	Vorlesen: Ggf. Spielregeln ergänzen oder Ausführungen der Kinder korrigieren	Regelkenntnisse
Aufbau	5 Figuren unter jedes Versteck legen		Zahlkompetenz bis 5, 1 zu 1 Zuordnung
Instruktion 2	würfeln	Vorlesen	Würfelbilder erfassen Mengenvergleich

Instruktion 3	Zuhören oder Spielregeln erklären	Vorlesen Ggf. Spielregeln ergänzen oder Ausführungen der Kinder korrigieren	-
Spielablauf	Gucken unter Versteck	Beobachten oder Mitspielen	Simultane Zahlerfassung
	Wie legen sich die Kinder die gewonnenen Geißlein?		Strukturierung von Mengen? Legen im Stapel? Unstrukturiert?
	Sieger ermitteln		Mengenvergleich Zahlerfassung Zählfähigkeiten
Spielbegleitende Fragen		Wer führt jetzt gerade? Warum war der Tipp falsch / richtig? Wie hast du das rausbekommen?	Mengenvergleich Zahlerfassung, simultan Zählfähigkeiten
		Wie viele braucht der Wolf noch, um zu gewinnen? Wie viele brauchst du noch, um zu gewinnen?	Ergänzung zu anderen Mengen
Spielende		Wie viele Geißlein habt ihr zusammen gerettet? Wie viele sind aus Versteck Farbe weggenommen worden?	Zahlerfassung > 10 Addition bis max. 25 Zahlerfassung < 5 Subtraktion bis 5
Neuaufbau	Aufbau	Wollt ihr noch eine Runde spielen?	Mengenvergleich Ergänzung zur 5 Zählfähigkeit

2. Treffen: Interviews mit zwei Kinderpaaren

Interviewphase	Aufgabe für die Kinder	Interview-Text und Intention	Entdeckungen / Beobachtungen / Fähigkeiten / Schwierigkeiten
Spielsituation 1: Unstrukturierte Anordnung	Freie Äußerungen Beantwortung der Interviewfragen	Unkommentiert vorlegen Wer hat gewonnen? Wer ist der 1., 2., 3. ... Sieger? Wie hast du das gesehen?	Einsicht in Invarianz Simultane Zahlerfassung bei unstrukturierter Menge

Spielsituation 1: Unstrukturierte Anordnung		Wie viele Geißlein wurden zusammen gerettet?	Mengenerfassung bis 7 Schwierigkeit: Wolf-Geißlein zählen nicht mit! Mengenerfassung > 10
Ggf. direkt zur strukturierten Situation wechseln, falls die Fragen nicht beantwortet werden, dann Fragen für Spielsituation 1 übernehmen.			
Spielsituation 2: Strukturierte Anordnung	Vergleich zwischen den beiden Spielsituationen	Unkommentiert vorlegen Wie sieht es hier aus?	Einsicht in Invarianz Simultane Zahlerfassung bei strukturierter Menge Mengenerfassung bis 7
Spielplan unstrukturiert, ggf. strukturiert, je abgedeckt mit Dosen	Als Hilfe Dosen abheben	Wie viele Geißlein sind in 2 (, 3, 4 …) Verstecken zusammen? War Plan 1 oder Plan 2 für dich als Hilfe besser? Warum?	5er-Reihe, Zahlenraum bis 30 Erkenntnis der Struktur von Mengen
Dose mit gewisser Menge Figuren nach dem Spiel	Zahl aufschreiben, auf Kärtchen zeigen oder Augenanzahl am Würfel zeigen	Wie heißt die Zahl?	Ziffernkenntnis Würfelbildkenntnis
Schachtelaufgaben	jeweilige Anzahl der Geißlein "errechnen"	Situation a)a+b =? 1) 4 Geißlein sind unter der Abdeckung versteckt 2) 3 Geißlein werden den Kindern offen gezeigt. "Wie viele Geißlein sind das?" 3) Abdeckung wird hochgehoben "Wie viele Geißlein sind es hier?" 4) Kind zählt die Geißlein unter der Abdeckung nach. Abdeckung wird wieder zugedeckt. 5) "Wieviele Geißlein sind es zusammen?"	simultane Zahlerfassung Plus- und Minusrechnen im Zahlenraum bis 7

| | | Situation b)a-?=c
1) 7 Geißlein sind unter der Abdeckung versteckt.
2) Abdeckung wird angehoben. "Wieviele Geißlein siehst du?"
3) Kind zählt die 7 Geißlein ab.
4) 4 Geißlein werden heraus genommen. "Wie viele Geißlein sind das?"
   Abdeckung wird wieder zugedeckt.
5) "Wie viele Geißlein sind noch unter der Abdeckung?" | |
| | Freie Äußerungen | Was denkst du darüber, dass der Wolf 6 Geißlein braucht, um zu gewinnen?

Sollte die Regel für den Wolf geändert werden? | Spielstrategie

Mengenvergleich |

Ende des Interviews

- Super, ich konnte sehen, dass ihr schon wirklich sehr viel könnt!
- Erzählt den anderen bitte nicht was ich gerade mit euch gemacht habe. Sonst können sie mir gleich schon direkt alles erzählen und das wäre ja unfair. Ihr wusstet ja auch nicht was ich euch frage.
- Dann könnt ihr jetzt zurück in eure Gruppe.

Transkript Aufbauphase

1	I	Immer fünf Figuren unter ein Versteck
2	D	*Greift sich Figuren, # zählt sie in der Hand haltend mit dem Daumen durch* Eins, zwei, drei, vier, fünf, sechs. Eins zu viel. *Legt eine Figur zurück und die anderen unter Versteck Orange*
3	A	*# Schaut sich die Figuren an, teilt mit der Hand Figuren ab, zählt still mit den Augen nach, zieht sie zu sich und legt sie in Versteck Grün.* #Das sind fünf.
4	C	*# Zählt still mit dem Zeigefinger fünf Figuren ab, B greift über ihre Hand, C zieht sechs Figuren zu sich und legt sie unter Versteck Rot*
5	B	*# Nimmt Versteck Lila, greift nacheinander zwei Figuren, legt sie in das Versteck,* Eins, zwei; *greift über C Hand nochmals nacheinander zwei Figuren,* Drei, Vier; *nimmt eine Figur,* Fünf
6	D	*Lässt aus einer gegriffenen Menge Figuren in Versteck Blau fallen* Eins, zwei, drei, vier, fünf, *hat sechs Figuren in der Hand, lässt eine Figur neben sich fallen*
7	I	*#* Sind Fünf? Dann umdrehen.
8	D	*Greift zu den übrigen Figuren.* Häh? Aber da fehlen noch drei.
9	I	Ja, und jetzt?
10	D	Da sind nur noch vier.
11	I	Und jetzt?

12	B	Vier sind da.
13	I	Ja, was machen wir denn jetzt?
14		5 Sekunden Stille
15	D	Spielen.
16	I	Na, können wir ja nicht.
17		6 Sekunden Stille.
18	B	Dann müssen wir wieder aufdecken *zeigt auf Dosen* und nachgucken.
19	I	Mach doch mal. Guck nach, ob unter allen auch wirklich fünf sind.
20	B	*# Hebt Versteck Gelb hoch.* Keins. *Hebt Versteck Lila hoch, zählt mit dem Zeigefinger ab.* Eins, zwei, drei, vier, fünf.
21	C	*# Hebt Versteck Rot hoch und zählt mit dem Zeigefinger zweimal still ab.* Eins, zwei, drei, vier, fünf, sechs *tippt dabei auf die Figuren, legt eine Figur auf den Tisch.*
22	A	*# Hebt Versteck Grün hoch, schiebt die Figuren zurecht, zählt mit dem Finger ab.* Eins, zwei, drei, vier, fünf.
23	I	*#* Da war einer zu v-
24	D	*Wartet, bis B Versteck Lila überprüft hat, hebt Versteck Blau hoch, hebt Versteck Orange hoch. Zählt mit dem Zeigefinger antippend nach* Eins, zwei, drei, vier, fünf
25	B	Da. *Schiebt die vier Figuren vom Tisch unter Versteck Gelb.*
26	D	Eins, zwei, drei, *tippt zwei Figuren an* vier. Bei mir fehlt noch einer. *Greift sich eine Figur, behält sie in der Hand.* Eins, zwei, drei, vier, fünf. *Deckt Versteck Orange zu.*
27	A	Bei mir ist fünf. *Hält Versteck Grün fest.*
28	B	*Zählt die Figuren unter Versteck Gelb.* Eins, zwei, drei, vier. *Nimmt eine Figur aus dem aufgedeckten blauen Versteck und legt sie zu den anderen.*
29	D	Nein, das war meine. *Nimmt eine Figur aus dem gelben Versteck und legt sie zurück.* Hier. *Legt seine Figur aus der Hand zu denen aus dem gelben Versteck.*
30	B	*Schiebt die Figur zu Versteck Blau.*
31	D	*Deckt Versteck Blau zu, nimmt die von B dazugeschobene Figur nicht mit darunter.*
32	B	*Zählt mit dem Finger antippend* Eins, zwei, drei, vier, fünf
33	I	*Zeigt auf eine Figur auf dem Tisch.* Da liegt jetzt schon wieder einer, der noch nicht versteckt ist.
34	C	*Hebt Versteck Blau hoch,* Warte *Zählt mit den Fingern* Eins, zwei, drei, vier. *Fasst die übrige Figur an* Ah! *Schiebt die Figur dazu*
34	B	*Hebt Versteck Lila hoch* Eins, zwei, drei, vier, fünf. *Hebt Versteck Gelb hoch, zählt mit den Fingern* Eins, zwei, drei, vier, fünf
36	C	*Hebt Versteck Rot hoch, zählt mit den Fingern* Eins, zwei, drei, vier, fünf.
37	D	*Auf Versteck Rot zeigend* Fünf!
38	A	*Hebt Versteck Grün hoch* Eins, zwei, drei, vier, fünf
39	I	Dann haben wir jetzt fünf unter jedem Versteck?
40	D+A	Ja!
41	I	Prima

Transkript Spielphase gemeinsam

1	A	*Würfelt.* Blau.
2	B	*Schiebt das Blaue Versteck zu A*
3	I	Wie viele sind drunter?
4	A	Ähm. (..) Fünf?
5	I	Guck mal
6	A	*Hebt Versteck hoch, zählt mit den Fingern ab.* Fünf!
7	I	Dann darfst du dir eins wegnehmen. #(..) Und den Deckel drauf
8	A	# *Nimmt sich eine Figur, schiebt sie zu sich.*
9	I	Und den Würfel weitergeben.
10	C	*Gibt den Würfel an D.*
11	A	*Schiebt ihre Figur unter Versteck Grün.*
12	D	*Würfelt* Lila. Fünf. *Zählt mit den Fingern ab.* Eins, zwei, drei, vier, fünf.
13	C	Ja.
14	D	*Nimmt sich eine Figur, deckt die anderen zu, legt die Figur vor sich hin.*
15	B	*Würfelt.* Gelb. Äh, fünf. *Zählt mit den Fingern still ab.* Fünf. *Nimmt sich eine Figur, legt sie vor sich hin, deckt die anderen Figuren ab.*
16	C	*Würfelt* Grün. Hmm, vier? *Zählt mit den Fingern ab.* Eins, zwei, drei, vier (…) *Deckt die Figuren zu.*
17	A	Ich hab sechs
18	I	Waren es vier?
19	C	Häh?
20	I	Waren es vier?
21	C	*Schüttelt den Kopf*
22	I	Dann kommt jetzt der schwarze Wolf zu dir. Dann darfst du dir den Wolf nehmen.
23	B	*Gibt C den Wolf.*
24	C	*Stellt den Wolf in die grüne Dose, legt eine Geißleinfigur dazu.*
25	I	Nee, noch nicht. *Legt die Figur zurück.* Der bleibt drunter liegen. *Stellt den Wolf zu C* Der Wolf kommt zu dir. Das nächste Mal nehmt ihr eins raus, wenn du nochmal falsch tippst. Aber jetzt noch nicht. Ja?
26	B	*Stellt den Wolf zurück*
27	I	*Zeigt vor C auf den Tisch.* Der Wolf bleibt bei dir stehen, damit du weißt, dass du das nächste Mal ganz bestimmt richtig tippen musst. OK? Gut, und weiter geht's.
28	D	A ist jetzt.
29	A	*Würfelt.* Lila. Ähm vier? *Dreht die Figuren um und schiebt sie sich zurecht.* Zählt mit den Fingern nach. Vier.
30	D	*Murmelt unverständlich*
31	A	*Schiebt die Figur unter Versteck Grün.* Ich hab jetzt sieben!

Bildmaterial für das diagnostische Interview:

Situation strukturiert

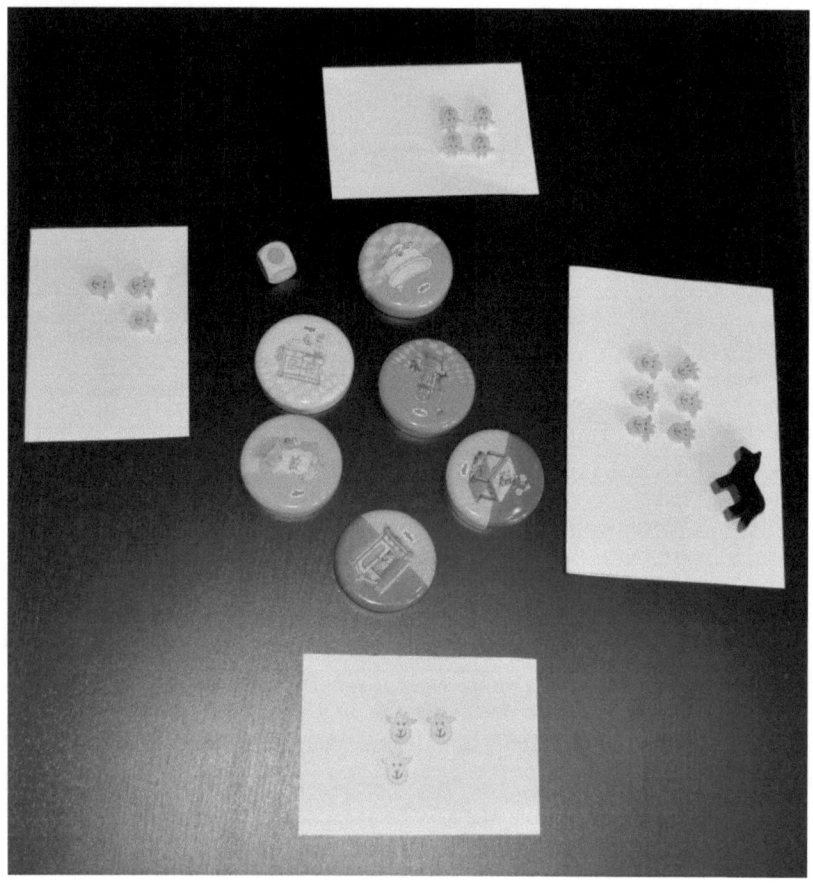

Situation strukturiert, Variante:

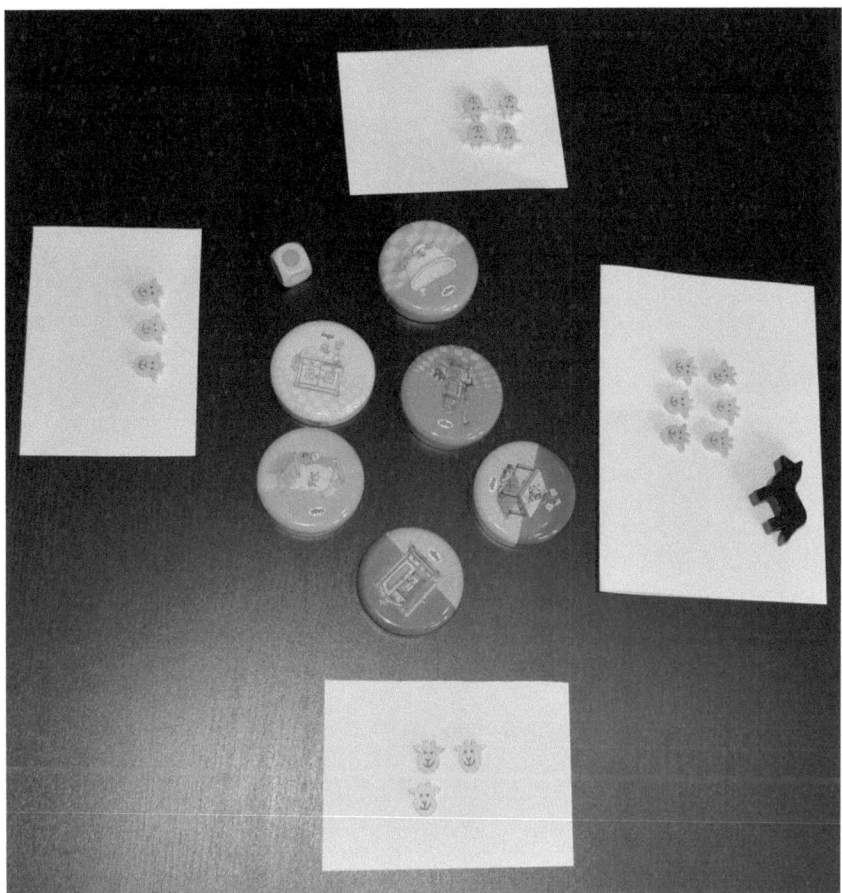

Situation unstrukturiert:

Spielplan strukturiert:

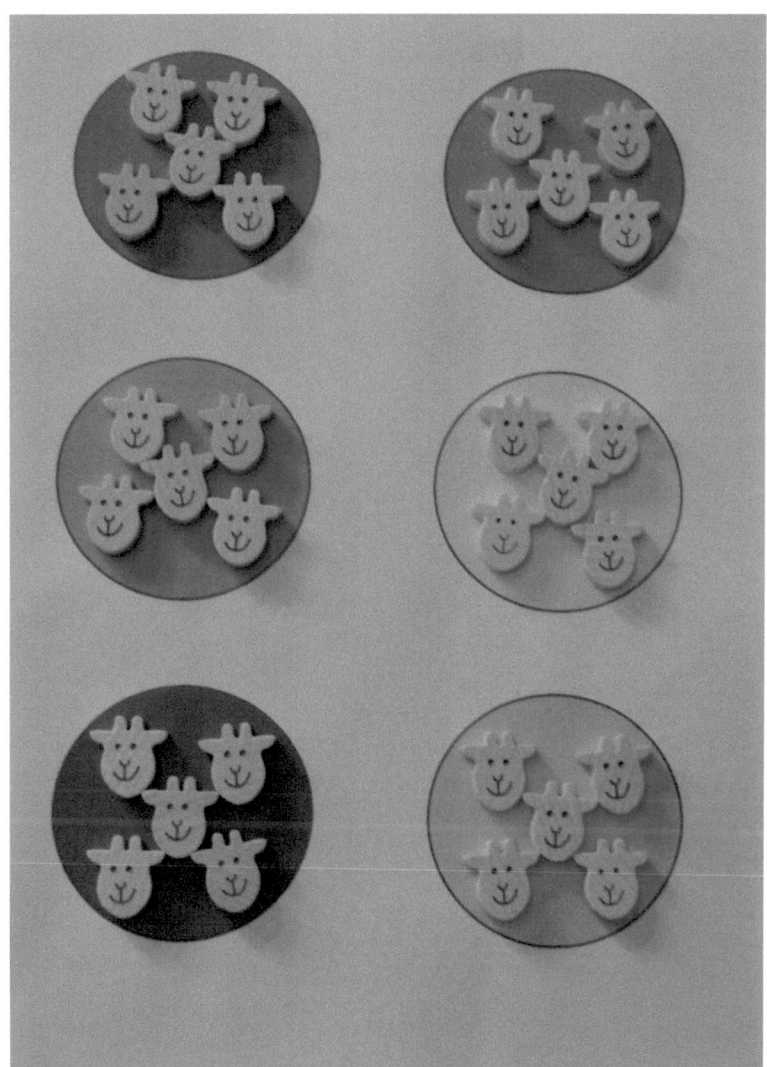

Spielplan unstrukturiert: